BEI GRIN MACHT SICH IHR WISSEN BEZAHLT

- Wir veröffentlichen Ihre Hausarbeit,
  Bachelor- und Masterarbeit

- Ihr eigenes eBook und Buch -
  weltweit in allen wichtigen Shops

- Verdienen Sie an jedem Verkauf

Jetzt bei www.GRIN.com hochladen
und kostenlos publizieren

Adrian Binsau

Schaltbare Kupplungen

Auslegungs- und Konstruktionshinweise

GRIN Verlag

Bibliografische Information der Deutschen Nationalbibliothek:

Die Deutsche Bibliothek verzeichnet diese Publikation in der Deutschen National-
bibliografie; detaillierte bibliografische Daten sind im Internet über http://dnb.d-
nb.de/ abrufbar.

Impressum:

Copyright © 2004 GRIN Verlag GmbH
Druck und Bindung: Books on Demand GmbH, Norderstedt Germany
ISBN: 978-3-656-35330-0

Dieses Buch bei GRIN:

http://www.grin.com/de/e-book/120052/schaltbare-kupplungen

Studienarbeit

Schaltbare Kupplungen

Hochschule Magdeburg Stendal

Bearbeitet durch:

Binsau, A.

Magdeburg, den 05.12.2004

Inhaltsverzeichnis

1. Einteilung der Kupplungen nach VDI 2240 3

2   Systemanalyse + Auswahlkriterien 4

3. Konstruktive Hinweise 6

   3.1 Lamellenkupplung 6

   3.2 Doppelkegelkupplung 8

   3.3 Reibringkupplung 9

   3.4 Vereinfachte Variation von Kupplungsgrößen 10

4. Auslegungsgrundlagen 12

   4.1 Schaltzeit mit Momentensprung 12

   4.2 Schaltzeit mit Anstiegszeit 13

   4.3 Schaltzeit mit veränderlichem Lastmoment 17

      4.3.1 Fall I lineare Änderung des Lastmomentes 17

      4.3.2 Fall II quadratische Änderung des Lastmomentes 22

   4.4 Schaltarbeit mit Momentensprung 25

   4.5 Schaltarbeit mit veränderlichem Lastmoment 26

      4.5.1 mit linear verlaufendem Lastmoment 26

      4.5.2 mit quadratisch verlaufendem Lastmoment 28

   4.6 Synchronisierung im Zweimassensystem 30

      4.6.1 mit konstantem Lastmoment 30

      4.6.2 mit linear verlaufendem Lastmoment 32

      4.6.3 mit quadratisch verlaufendem Lastmoment 33

Literaturverzeichnis 34

1. Einteilung der Kupplungen nach VDI 2240

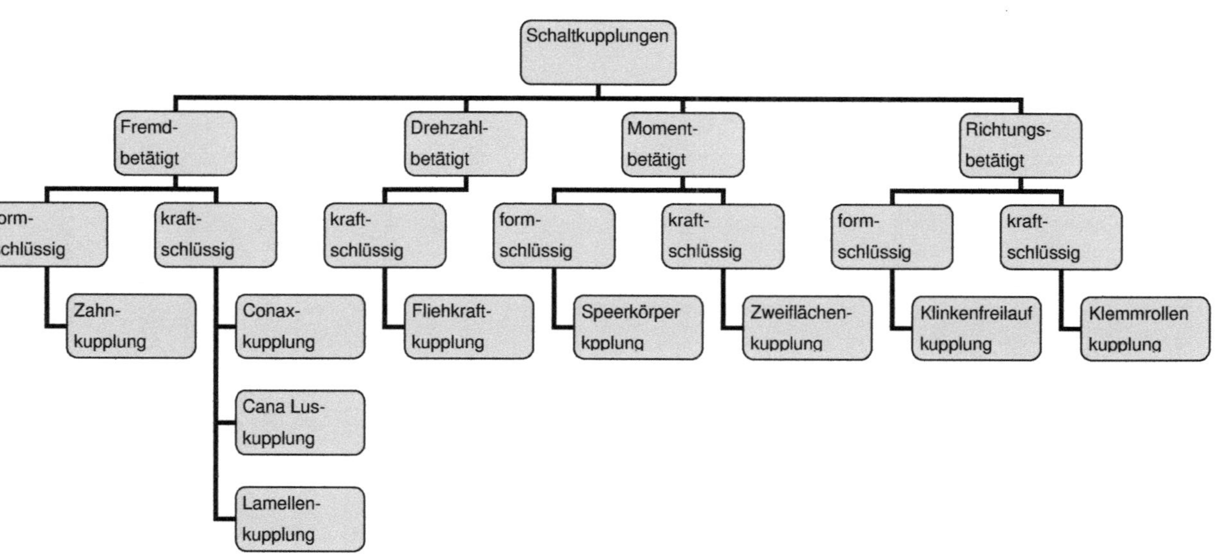

2 Systemanalyse + Auswahlkriterien

Systemanalyse:

Warum müssen Anforderungen an eine Kupplung definiert werden?

- zeitliche Abläufe müssen mit Vorgaben übereinstimmen
- um Schäden zu vermeiden
- Bei Schäden ist es oft schwer einen Kupplungsaustausch durchzuführen, ohne eine Änderung des Antriebssystems vorzunehmen

Ermitteln:

J_M , J_A , n_M , n_A , Momente , Übersetzungen

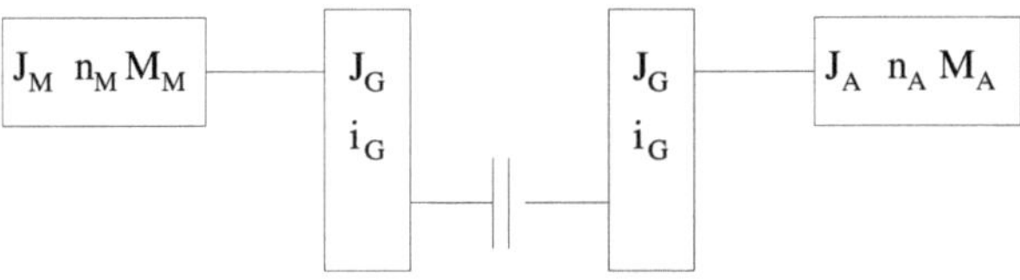

- Motorkennlinie , Arbeitsmaschinenkennlinie
- Federsteifigkeit des Systems (für Schwingungsanalysen)
- Schaltzeiten, Schaltverhalten, Erstellen eines Drehmoment- Zeit- Verhaltensdiagramm
- Lebensdauer (Anzahl der Schaltungen)
- Wartungsintervalle (für Verschleißteilnachstellung)
- Energieform für das Schalten
- Ist eine Medienversorgung vorhanden?
- Umgebungsparameter : Ölraum , Trockenraum , Temperaturen , Luftfeuchte , Staub
- sicherheitstechnische Aspekte (Normenwerke)

Auswahlkriterien:

Durch die Systemanalyse und der Einteilung der Kupplungen lässt sich die Art der notwendigen Kupplung bestimmen.

Zusammenfassung:

- Wie soll die Drehmomentenschaltung sein? - hart - weich

- Welche Fremd-Schaltenergie steht zur Verfügung?

- Welche Schaltzeiten sollen realisiert werden?
  - elektromagnetisch - hydraulisch - mechanisch - form-/ reibschlüssig

- Wie hoch soll die Lebensdauer sein?
  - Nachstellung Verschleißteile - Nass- oder Trockenlauf

- Was ist beim Einbau zu beachten?
  - Einbaumaße z.B. Einflächen-, Zweiflächen- oder Mehrscheibenkupplung

3. Konstruktive Hinweise

Schwerpunkt: Fremdbetätigte – Reibschlüssige Kupplung

3.1 Lamellenkupplung

Um ein Drehmoment übertragen zu können müssen die Lamellen ein Mitnehmerprofil aufweisen.
Verschiedene Ausführungen sind im Bild 01 dargestellt.

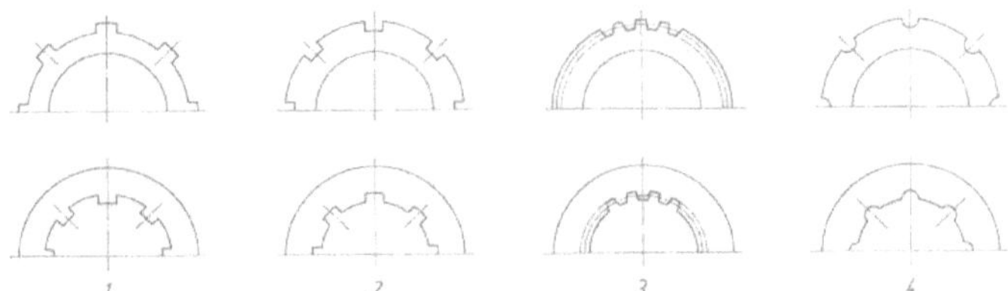

Bild 01 (Mitnehmerprofile von Lamellen ; Quelle: Schaltbare Reibkupplungen)
1. Nuten mit Mitnehmer 2. Mitnahmelappen im Außenmitnehmer Keile am Innen-
mitnehmer 3. Evolventenprofil 4. Bolzenmitnahme

Einhalten der Toleranzen, damit die Reibscheiben während des Schaltvorganges
in dem Mitnehmerprofil gleiten können. Es muss eine Leichtgängigkeit erreicht
werden, damit bei der Auslegung der Anpresskraft die Reibung der Lamelle in der
Führung vernachlässigt werden kann.
Abmessungen der Trägerscheiben und des Reibbeleges nach Bild 02 sind den
Tabellen 01/2 und den Diagrammen 01 zu entnehmen. Diese Richtwerte sind aufgrund von wärmetechnischen Betrachtungen aufgestellt worden.

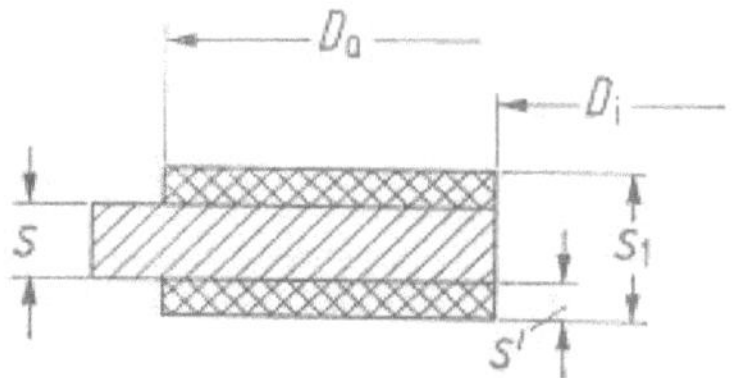

Bild 02 (Reibscheibenabmessungen; Quelle: Schaltbare Reibkupplungen)

Tabelle 01 (Durchmesserverhältnisse; Quelle: Schaltbare Reibkupplungen)

Belagart	$d = \dfrac{D_i}{D_a}$
Kein Belag	0,87...0,75
Organischer Belag	0,63...0,58
Papierbelag	0,88...0,74
Sinterbelag	0,87...0,76

Tabelle 02 (Dicke der Trägerscheibe s; Quelle: Schaltbare Reibkupplungen)

Belagaußen-Durchmesser D_a in mm	Dicke der Trägerscheibe s in mm
>75	0,8...1,6
75...250	1,6...2,4
250...450	2,4...3,2
450...600	3,2...5,0

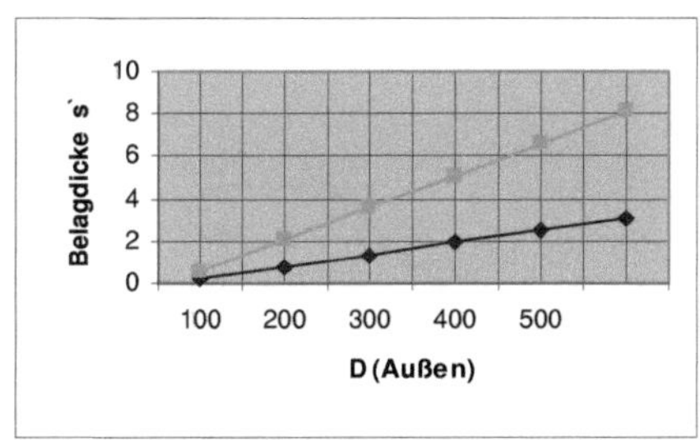

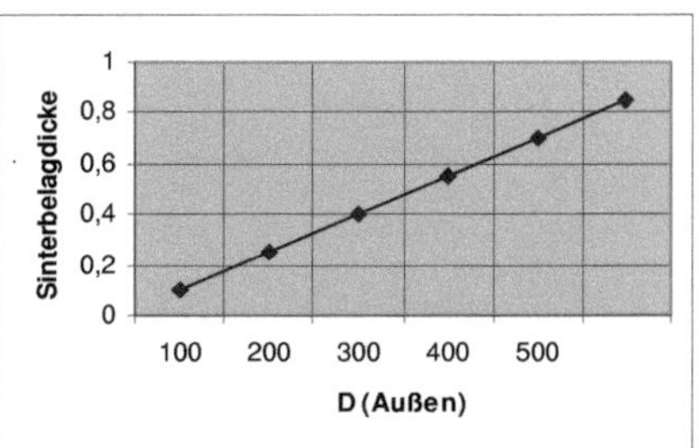

Diagramm 01 (Dicke des Reibbelages abhängig vom Außendurchmesser a) organischer Belag b) Sinterbelag für Öllauf; Quelle: Schaltbare Reibkupplungen)

Beachten der Ebenheits- und Parallelitätstoleranz nach DIN 7184 für Sinterbeläge nach Tabelle 03. Bei Nichteinhaltung kommt es zu einem erhöhten Leerlaufmoment und die Einlaufphase wird verlängert.

Tabelle 03 (Toleranz von Sinterlamellen ; Quelle: Schaltbare Reibkupplungen)

Belagaußendurchmesser D_a in mm	Toleranz Gesamtdicke s in mm	Ebenheits-Toleranz in mm	Parallelitäts-Toleranz in mm
40...100	± 0,05	0,1	0,03
100...200	± 0,06	0,2	0,04
200...300	± 0,07	0,3	0,05
300...400	± 0,09	0,5	0,07
400...500	± 0,10	0,6	0,08
>500	± 0,12	0,8	0,10

3.2 Doppelkegelkupplung

Die Geometrie der in Bild 03 dargestellten Doppelkegelkupplung ergibt sich aus folgenden Verhältnissen:

$$b_r = \frac{1}{4} d_r \qquad d_r \approx 2 \cdot d_N \qquad d_N \triangleq \text{Nabendurchmesser}$$

$$s = \frac{b_r}{25} \text{ (Reibbelagdicke)} \qquad \alpha \approx 30°$$

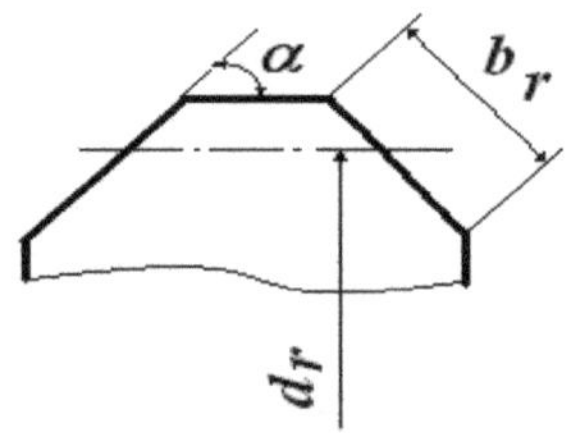

Bild 03 Doppelkegelkupplung prinzipiell

3.3 Reibringkupplung

Geometrie der in Bild 04 dargestellten Reibringkupplung ergibt sich aus folgenden Verhältnissen:

$$d_r = 2 \cdot d_N \qquad b_r = \frac{1}{4} \cdot d_r \qquad s = \frac{b_r}{25} \qquad \alpha \approx 30°$$

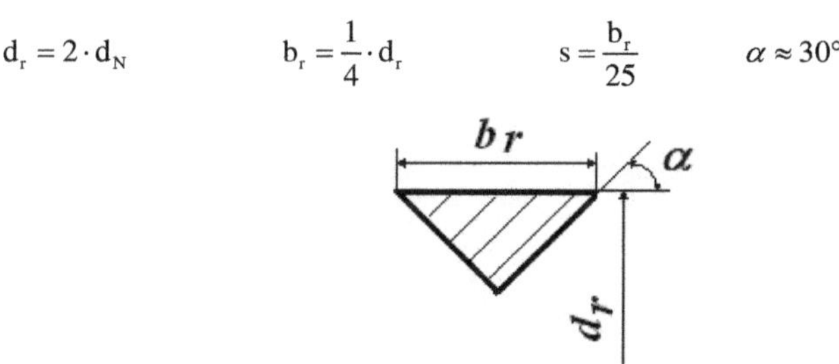

Bild 04 Reibringkupplung prinzipiell

3.4 Vereinfachte Variation von Kupplungsgrößen

Herleitung der Drehmomentenabstufung

Das zu übertragene Drehmoment [M] ergibt sich aus der sich einstellenden Reibungskraft $[F_R]$ zwischen den Reibflächen $[A_R]$, die wiederum von der Anpresskraft $[F_A]$ abhängig ist.

$$M = F_R \cdot r_m \quad [1.0]$$

$$F_A = p \cdot A_R = p \cdot \pi \cdot \left(R^2 - r^2\right) \qquad F_R = \mu \cdot F_A \cdot z \qquad r_m = \frac{R+r}{2}$$

Jetzt wird das Verhältnis [a] vom Außenradius [R] zum Innenradius [r] eingeführt, damit die Abstufung nur noch von einer geometrischen Größe abhängig ist.

$$a = \frac{r}{R} \quad r = a \cdot R$$

Durch Einsetzen der Einzelkomponenten und dem Radienverhältnis in [1.0] ergibt sich die Drehmomentengleichung [1.1] zu

$$M = p \cdot \pi \cdot \left(R^2 - a^2 R^2\right) \cdot \mu \cdot z \cdot \left(\frac{R+aR}{2}\right)$$

$$M = \left[p \cdot \pi \cdot \left(1 - a^2\right) \cdot \mu \cdot z \cdot \left(\frac{1+a}{2}\right) \right] \cdot R^3 \quad [1.1]$$

Innerhalb einer Baureihe sollen die Flächenpressung [p], die Anzahl der Reibflächen [z], das Radienverhältnis [a] und der Reibwert $[\mu]$ möglichst gleich bleiben, daher wird die Konstante K eingeführt.

$$K = p \cdot \pi \cdot \left(1 - a^2\right) \cdot \mu \cdot z \cdot \left(\frac{1+a}{2}\right)$$

Durch Einführung dieser beschreibenden Konstante K ist das Drehmoment nur noch von dem Außenradius [R] als Variable abhängig.

$$M = K \cdot R^3$$

Aufgrund dieser Beziehungen wird die Drehmomentenabstufung f_s eingeführt, welches ein Momentenverhältnis darstellt.

$$f_s = \frac{M_2}{M_1} = \left(\frac{R_2}{R_1}\right)^3 \qquad \Rightarrow \quad R_2 = R_1 \cdot \sqrt[3]{f_s}$$

Beispiel zur Drehmomentenabstufung: $f_s = 2$

$$R_1 = 74\,\text{mm} \quad R_2 = 74\,\text{mm} \cdot \sqrt[3]{2} = 93\,\text{mm} \quad R_2 = 93\,\text{mm} \cdot \sqrt[3]{2} = 117\,\text{mm}$$

4. Auslegungsgrundlagen

4.1 Schaltzeit mit Momentensprung

Kupplungsmoment: Beschleunigung einer Masse

$$M_{KJ} = J \cdot \alpha = J\ddot{\varphi} \qquad \ddot{\varphi} = \frac{\omega_1 - \omega_0}{t_3 - t_0}$$

$$t_3 = J \cdot \frac{\omega_1 - \omega_0}{M_{KJ}} \quad \text{mit } t_0 = 0 \quad [2.0]$$

Kupplungsmoment mit Lastmoment:

$$M_K = M_{KJ} + M_L$$

$$M_K = J \cdot \frac{\omega_1 - \omega_0}{t_3 - t_0} + M_L$$

$$t_3 = J \cdot \frac{\omega_1 - \omega_0}{M_K - M_L} \quad \text{mit } t_0 = 0 \quad [2.1]$$

Gilt nur wenn M_K und M_L eindeutig sind!!!

Durch den angenommenen Momentensprung von M_r zu M_k kann mit der Gl.2.0 und 2.1 hinreichend genau gerechnet werden.

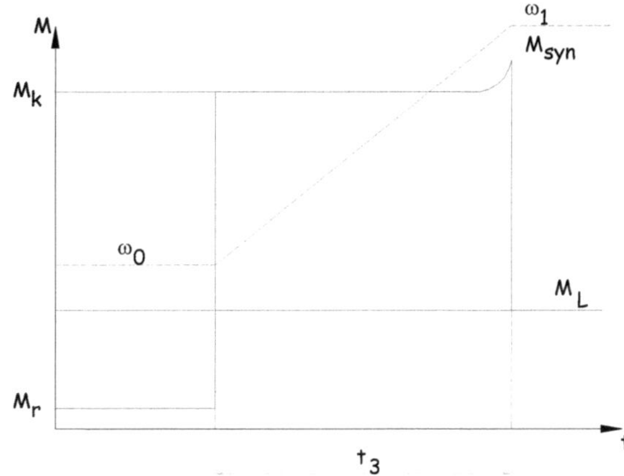

Diagramm 2: Drehmoment/Drehzahl-Zeit Verlauf mit Sprung

4.2 Schaltzeit mit Anstiegszeit

Betrachtung des Drehmoment-Zeit-Verlaufs mit einer Anstiegszeit von M_r zu M_k. Die komplette Schaltzeit t_3 ergibt sich aus:

$$t_3 = t_{12} + t_c \quad [3.0]$$

Um den Anstieg in der Zeit t_{12} beschreiben zu können, wird eine Ausgleichsgerade eingeführt, im Diagramm 3 braun dargestellt.

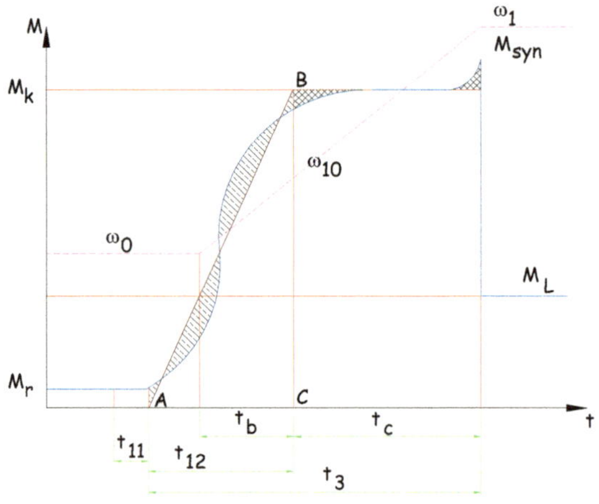

Diagramm 3: Drehmoment/Drehzahl- Zeitverlauf Ausgleichsgerade

Ähnlichkeitsbeziehung im Dreieck ABC :

$$\frac{t_b}{t_{12}} = \frac{M_K - M_L}{M_K}$$

$$t_b = t_{12} \cdot \left(1 - \frac{M_L}{M_K}\right) \qquad [3.1]$$

Betrachtungen über die Grundgleichung [2.1] liefert die Zeitdifferenz t_c:

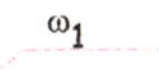
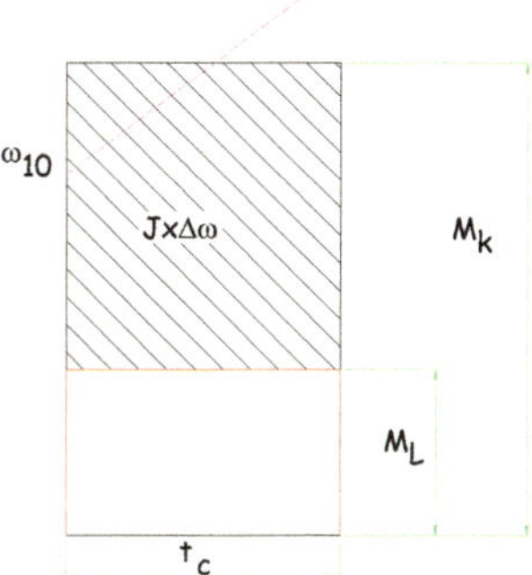

$$M_K = J \cdot \frac{\Delta\omega}{\Delta t} + M_L \qquad [2.1]$$

$$\left(M_K - M_L\right) \cdot \Delta t = J \cdot \Delta\omega$$

$$\left(M_K - M_L\right) \cdot t_c = J \cdot \left(\omega_1 - \omega_{10}\right)$$

$$t_c = \frac{J \cdot \left(\omega_1 - \omega_{10}\right)}{\left(M_K - M_L\right)} \qquad [3.2]$$

Zeitdifferenz t_b

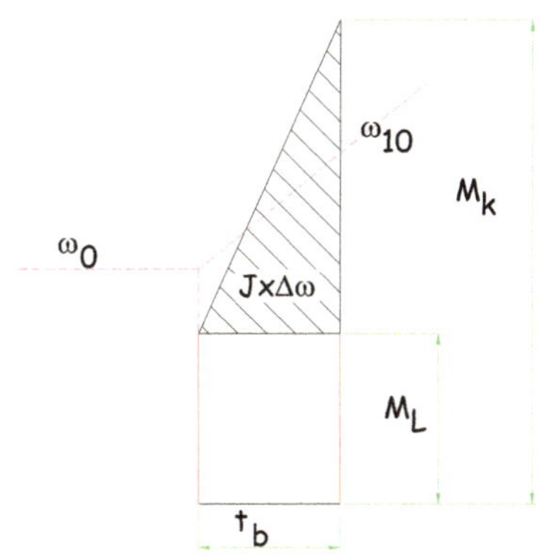

$$\frac{\left(M_K - M_L\right) \cdot t_b}{2} = J \cdot \left(\omega_{10} - \omega_0\right)$$

$$t_b = \frac{2 \cdot J \cdot \left(\omega_{10} - \omega_0\right)}{\left(M_K - M_L\right)} \qquad [3.3]$$

Gesamtschaltzeit aus [3.0]:

$$t_3 = \frac{J \cdot (\omega_1 - \omega_{10})}{(M_K - M_L)} + t_{12} \quad \text{mit } (\omega_1 - \omega_0) = (\omega_1 - \omega_{10}) + (\omega_{10} - \omega_0)$$

$$t_3 = \frac{J \cdot (\omega_1 - \omega_0)}{(M_K - M_L)} - \frac{J \cdot (\omega_{10} - \omega_0)}{(M_K - M_L)} + t_{12} \quad \text{mit [3.3] folgt}$$

$$t_3 = \frac{J \cdot (\omega_1 - \omega_0)}{(M_K - M_L)} - \frac{t_b}{2} + t_{12} \qquad \text{mit [3.1] folgt}$$

$$t_3 = \frac{J \cdot (\omega_1 - \omega_0)}{(M_K - M_L)} - \frac{t_{12}}{2} \cdot \left(1 - \frac{M_L}{M_K}\right) + t_{12} = \frac{J \cdot (\omega_1 - \omega_0)}{(M_K - M_L)} + \frac{t_{12}}{2} \cdot \left(1 + \frac{M_L}{M_K}\right)$$

$$t_3 = \frac{J \cdot (\omega_1 - \omega_0)}{(M_K - M_L)} + \frac{t_{12}}{2} \cdot \left(1 + \frac{M_L}{M_K}\right) \quad [3.4]$$

4.3 Schaltzeit mit veränderlichem Lastmoment

Ein konstantes Lastmoment ist zum Beispiel bei Hubwerken zu beobachten.
Bei Kreiselmaschinen (Lüfter oder Pumpen) ändert sich das Lastmoment quadratisch und bei Kalendermaschinen linear.

4.3.1 Fall I lineare Änderung des Lastmomentes

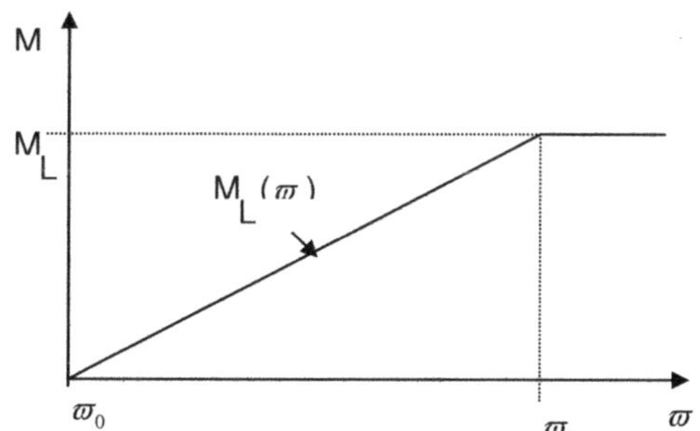

Diagramm 04 linearer Verlauf des Lastmomentes

Der Drehmomentenanstieg $M_L(\varpi)$ kann mit Hilfe der Geradengleichung beschrieben werden. Mit der Bedingung das $\varpi_0 = 0$ folgt:

$$M_L(\varpi) = M_L \cdot \frac{\varpi}{\varpi_1} \quad [4.0]$$

Weiterhin muss auch die Massenträgheit der Anlage überwunden werden, die sich aus der Gleichung [2.0] ergibt.

$$M_B = J \cdot \alpha = J \cdot \frac{d\varpi}{dt}$$

Zur Überwindung des Trägheitsmomentes M_B steht das Kupplungsmoment abzüglich des Lastmoments zur Verfügung.

$$M_B = M_K - M_L \quad [4.1]$$

Durch das Gleichsetzen der Gleichung [2.0] mit [4.1] und mit Hilfe von [4.0] entsteht eine Differentialgleichung erster Ordnung, die den Beschleunigungsvorgang mit dem linear ansteigendem Lastmoment zeitlich beschreibt.

$$\left(M_K - M_L\right) = J \cdot \frac{d\varpi}{dt} \qquad \left(M_K - M_L \cdot \frac{\varpi}{\varpi_1}\right) = J \cdot \frac{d\varpi}{dt}$$

$$\frac{M_K}{J} - \frac{M_L \cdot \varpi}{J \cdot \varpi_1} = \frac{d\varpi}{dt}$$

$$\boxed{\dot{\varpi} + \frac{M_L}{J \cdot \varpi_1} \cdot \varpi = \frac{M_K}{J}} \ \text{DGL}$$

Um die Lösung der Differentialgleichung übersichtlicher durchführen zu können, werden die konstanten Koeffizienten durch Buchstaben ersetzt.

$$A = \frac{M_L}{J \cdot \varpi_1} \qquad B = \frac{M_K}{J}$$

$$\Downarrow$$

$$\dot{\varpi} + A \cdot \varpi = B$$

Diese Form der Differentialgleichung ist mit dem Produktansatz von Bernoulli zu lösen, welcher in den nächsten Schritten ohne nähere Erläuterung durchgeführt wird.

Ansatz:

$$\varpi = u \cdot v \qquad \dot{\varpi} = u' \cdot v + u \cdot v'$$

Einsetzen des Ansatzes in die DGL:

$$u' \cdot v + v' \cdot u + A \cdot u \cdot v = B \qquad u' \cdot v + u \cdot \left(v' + A \cdot v\right) = B$$

Lösung:

1.

$$v' + A \cdot v = 0 \qquad \frac{dv}{dt} = -A \cdot v$$

$$\text{TdV:} \quad \int \frac{dv}{v} = -A \cdot \int dt$$

$$\ln v = -A \cdot t$$

$$\underline{v = e^{-A \cdot t}}$$

2.

$$u' \cdot v = B \qquad u' = \frac{B}{v} = B \cdot e^{A \cdot t} \qquad u = B \cdot \int e^{A \cdot t} dt$$

$$\underline{u = \frac{B}{A} \cdot e^{A \cdot t} + C}$$

3.

$$\varpi = u \cdot v = \left(\frac{B}{A} \cdot e^{A \cdot t} + C\right) \cdot e^{-A \cdot t}$$

$$\varpi = \frac{B}{A} + C \cdot e^{-A \cdot t}$$

4. Einsetzen der Randbedingungen: $t_0 = 0 \qquad \varpi(t = 0) = 0$

$$\varpi_0 = \frac{B}{A} + C \cdot e^0 \quad \Rightarrow \quad \underline{C = \varpi_0 - \frac{B}{A}}$$

Damit ist die Differentialgleichung gelöst.

$$\varpi = \frac{B}{A} + \left(\varpi_0 - \frac{B}{A} \right) \cdot e^{-A \cdot t}$$

Um die Anlaufzeit zu bestimmen, muss jetzt nach der Zeit t umgestellt werden.

$$e^{-A \cdot t} = \frac{\varpi - \dfrac{B}{A}}{\varpi_0 - \dfrac{B}{A}} = \frac{\varpi \cdot A - B}{\varpi_0 \cdot A - B} \qquad -A \cdot t = \ln \left(\frac{\varpi \cdot A - B}{\varpi_0 \cdot A - B} \right)$$

$$t = \frac{1}{A} \cdot \ln \left(\frac{\varpi \cdot A - B}{\varpi_0 \cdot A - B} \right)^{-1} = \frac{1}{A} \cdot \ln \left(\frac{\varpi_0 \cdot A - B}{\varpi \cdot A - B} \right) = \frac{1}{A} \cdot \ln \left(\frac{B - \varpi_0 \cdot A}{B - \varpi \cdot A} \right) \qquad [4.1]$$

Wenn der Koordinatenursprung dort angesetzt wird wo das Lastmoment anfängt zu steigen, dann ist die Gesamtzeit $t = t_1 - t_0$ und somit die Winkelgeschwindigkeit $\varpi = \varpi_1$.

$$\left(t_1 - t_0 \right) = \frac{1}{A} \cdot \ln \left(\frac{B - \varpi_0 \cdot A}{B - \varpi_1 \cdot A} \right)$$

Im nächsten Schritt muss die Rücksubstitution von A und B durchgeführt werden.

$$\left(t_1 - t_0\right) = \frac{J \cdot \varpi_1}{M_L} \cdot \ln\left(\frac{\dfrac{M_K}{J} - \varpi_0 \cdot \dfrac{M_L}{J \cdot \varpi_1}}{\dfrac{M_K}{J} - \varpi_1 \cdot \dfrac{M_L}{J \cdot \varpi_1}}\right)$$

$$\left(t_1 - t_0\right) = \frac{J \cdot \varpi_1}{M_L} \cdot \ln\left(\frac{\varpi_1 \cdot M_K - \varpi_0 \cdot M_L}{\varpi_1 \cdot M_K - \varpi_1 \cdot M_L}\right)$$

$$\left(t_1 - t_0\right) = \frac{J \cdot \varpi_1}{M_L} \cdot \ln\left(\frac{\varpi_1 \cdot M_K - \varpi_0 \cdot M_L}{\varpi_1 \cdot \left(M_K - M_L\right)}\right)$$

$$\left(t_1 - t_0\right) = \frac{J \cdot \varpi_1}{M_L} \cdot \ln\left(\frac{\varpi_1 \cdot \left(M_K - \dfrac{\varpi_0}{\varpi_1} \cdot M_L\right)}{\varpi_1 \cdot \left(M_K - M_L\right)}\right)$$

$$\left(t_1 - t_0\right) = \frac{J \cdot \varpi_1}{M_L} \cdot \ln\left(\frac{M_K - \dfrac{\varpi_0}{\varpi_1} \cdot M_L}{M_K - M_L}\right)$$

mit $\varpi_0 = 0 \quad t_0 = 0$ folgt

$$\boxed{\; t_1 = \frac{J \cdot \varpi_1}{M_L} \cdot \ln \frac{M_K}{M_K - M_L} \;}$$

[4.2]

4.3.2 Fall II quadratische Änderung des Lastmomentes

Beschreibung der quadratischen Funktion des Lastmomentes:

$$M_L\left(\varpi\right) = a \cdot \varpi^2 + b$$

$$\text{mit } \varpi = 0 \text{ und } M_L = 0 \quad \text{folgt } b = 0$$

$$\text{mit } \varpi = \varpi_1 \text{ folgt } M_L\left(\varpi\right) = M_L$$

$$M_L = a \cdot \varpi_1^2 \quad \Rightarrow \quad a = \frac{M_L}{\varpi_1^2}$$

$$M_L\left(\varpi\right) = \frac{M_L}{\varpi_1^2} \cdot \varpi^2$$

Die Differentialgleichung für diesen Belastungsfall ergibt sich in gleicher Weise wie im ersten Fall, mit der linearen Änderung des Lastmomentes.

$$M_K - M_L = J \cdot \alpha = J \cdot \frac{d\varpi}{dt}$$

$$\frac{d\varpi}{dt} = \frac{M_K - M_L}{J} = \frac{M_K - \dfrac{M_L}{\varpi_1^2} \cdot \varpi^2}{J} = \frac{M_K \cdot \varpi_1^2 - M_L \cdot \varpi^2}{J \cdot \varpi_1^2} = \frac{M_K}{J} - \frac{M_L}{J \cdot \varpi_1^2} \cdot \varpi^2$$

$$\boxed{\dot{\varpi} + \frac{M_L}{J \cdot \varpi_1^2} \cdot \varpi^2 = \frac{M_K}{J}} \ \text{DGL}$$

Substitution der konstanten Ausdrücke mit A und B zur Übersichtlichkeit der Rechnung.

$$A = \frac{M_L}{\varpi_1^2 \cdot J} \qquad B = \frac{M_K}{J}$$

Einsetzen von A und B in die DGL:

$$\dot{\varpi} + A \cdot \varpi^2 = B$$

$$\frac{d\varpi}{dt} = B - A \cdot \varpi^2$$

$$\int \frac{d\varpi}{B - A \cdot \varpi^2} = \int dt = t$$

Damit dieses Integral gelöst werden kann, muss der Nenner durch Substitution so umgeformt werden, sodass ein Grundintegral entsteht.

$$B - A \cdot \varpi^2 = \left(1 - u^2\right) \cdot B$$
$$B - A \cdot \varpi^2 = B - B \cdot u^2$$

$$A \cdot \varpi^2 = B \cdot u^2 \quad (\text{ Substitution })$$

Jetzt muss noch das Differential $d\varpi$ mit $d u$ ersetzt werden.

$$\varpi = \sqrt{\frac{B}{A}} \cdot u \qquad \frac{d\varpi}{du} = \sqrt{\frac{B}{A}} \qquad d\varpi = \sqrt{\frac{B}{A}} \cdot du$$

Damit ist das Integral $\int \dfrac{d\varpi}{B - A \cdot \varpi^2}$ bestimmbar.

$$\int \frac{d\varpi}{B - A \cdot \varpi^2} = \int \frac{\sqrt{\dfrac{B}{A}}}{B \cdot \left(1 - u^2\right)} \, du = \sqrt{\frac{B}{A}} \cdot \frac{1}{B} \cdot \int \frac{du}{\left(1 - u^2\right)} = \frac{1}{\sqrt{A \cdot B}} \cdot \operatorname{artanh}(u) + C$$

Durch Rücksubstitution von u ergibt sich die Schaltzeit t zu:

$$t = \sqrt{\frac{1}{A \cdot B}} \cdot \operatorname{artan} h\left(\varpi \cdot \sqrt{\frac{A}{B}} \right) + C$$

Bestimmung der Integrationskonstante über die vorhandene Anfangsbedingung

$$t = 0 \quad \varpi = \varpi_0$$

$$0 = \sqrt{\frac{1}{A \cdot B}} \cdot \operatorname{artan} h\left(\varpi_0 \cdot \sqrt{\frac{A}{B}} \right) + C \quad C = -\sqrt{\frac{1}{A \cdot B}} \cdot \operatorname{artan} h\left(\varpi_0 \cdot \sqrt{\frac{A}{B}} \right)$$

damit ergibt sich für Schaltzeit:

$$t = \sqrt{\frac{1}{A \cdot B}} \cdot \operatorname{artan} h\left(\varpi \cdot \sqrt{\frac{A}{B}} \right) - \sqrt{\frac{1}{A \cdot B}} \cdot \operatorname{artan} h\left(\varpi_0 \cdot \sqrt{\frac{A}{B}} \right) \quad [5.0]$$

Da der Koordinatenursprung am Anfang des Anstieges vom Lastmoment gesetzt wurde, ist mit $t = (t_1 - t_0)$, $t_0 = 0$, $\varpi_0 = 0$, $\varpi = \varpi_1$ und Rücksubstitution von A und B die Schaltzeit bestimmbar:

$$t_3 = \frac{J \cdot \varpi_1}{\sqrt{M_L \cdot M_K}} \cdot \operatorname{artan} h\left(\sqrt{\frac{M_L}{M_K}} \right) \quad [5.1]$$

Hinweis zur Berechnung vom $\operatorname{arctan} h$:

$$\operatorname{artan} h\left(\sqrt{\frac{M_L}{M_K}} \right) = \frac{1}{2} \cdot \ln\left(\frac{1 + \sqrt{\frac{M_L}{M_K}}}{1 - \sqrt{\frac{M_L}{M_K}}} \right)$$

4.4 Schaltarbeit mit Momentensprung

Die Leistung ist definiert als Arbeit je Zeit ($P = \dfrac{dW}{dt} = \dot{W}$), damit ist die Reibarbeit

das Integral der Leistung nach der Zeit.

$$W = \int_{0}^{t_3} P \, dt$$

Die Leistung ergibt sich nach dem vereinfachten Ansatz (mit einer sehr kleinen

Anstiegszeit des Schaltmomentes nach Diagramm 02) zu:

$$P = M_K \cdot \left(\omega_1 - \omega(t) \right)$$

Die Winkelgeschwindigkeit lässt sich mit Hilfe der Geradengleichung beschreiben

und wir erhalten:

$$\omega(t) = \omega_0 + \frac{\left(\omega_1 - \omega_0 \right)}{t_3} \cdot t$$

Damit ergibt sich die Arbeit zu

$$W = M_K \cdot \int_{0}^{t_3} \left(\omega_1 - \omega_0 - \frac{\omega_1 - \omega_0}{t_3} \cdot t \right) dt$$

$$W = M_K \cdot \left(\omega_1 - \omega_0 \right) \int_{0}^{t_3} \left(1 - \frac{t}{t_3} \right) dt$$

$$\boxed{W = \frac{M_K \cdot \left(\omega_1 - \omega_0 \right) \cdot t_3}{2}} \qquad [6.0]$$

Durch Einsetzen der in den vorhergehenden Abschnitten hergeleiteten Schaltzeiten, kann jetzt die Schaltarbeit für die verschiedenen Anwendungsfälle berechnet werden.

Schaltarbeit ohne Lastmoment durch Einsetzen der Gleichung 2.0 in 6.0

$$W = \frac{J \cdot (\omega_1 - \omega_0)^2}{2}$$

Schaltarbeit mit Lastmoment durch Einsetzen der Gleichung 2.1 in 6.0

$$W = \frac{M_K \cdot J \cdot (\omega_1 - \omega_0)^2}{2 \cdot (M_K - M_L)}$$

4.5 Schaltarbeit mit veränderlichem Lastmoment

4.5.1 mit linear verlaufendem Lastmoment

lineare Änderung: $M_L(\omega) = M_L \cdot \dfrac{\omega}{\omega_1}$

Die Arbeit wird über die Gleichung [6.0] berechnet und die Winkelgeschwindigkeit $\omega(t)$ wird durch die Schaltzeit [4.1] bestimmt.

$$t_3 = \frac{1}{A} \ln(B - A\omega_0) - \frac{1}{A} \ln(B - A\omega(t))$$

$$\omega(t) = \frac{B}{A} - \frac{B - A\omega_0}{A \cdot e^{At}} \quad \text{mit } B = \frac{M_K}{J} \quad \text{und } A = \frac{M_L}{J \cdot \omega_1}$$

$$\omega(t) = \frac{M_K \cdot \omega_1}{M_L} - \frac{\dfrac{M_K}{J} - \dfrac{M_L \cdot \omega_0}{J \cdot \omega_1}}{e^{\frac{M_L}{J \cdot \omega_1} t_3} \cdot \dfrac{M_L}{J \cdot \omega_1}} = \frac{M_K \cdot \omega_1}{M_L} - \frac{M_K \cdot \omega_1 - M_L \cdot \omega_0}{M_L \cdot e^{\frac{M_L}{J \cdot \omega_1} t_3}}$$

$$\omega(t) = \frac{\omega_1}{M_L} \cdot \left(M_K - \left[M_K - M_L \cdot \frac{\omega_0}{\omega_1} \right] \cdot e^{-\frac{M_L}{J \cdot \omega_1} t_3} \right)$$

$$W = \int_0^{t_3} M_K \cdot \left(\omega_1 - \omega(t) \right) dt$$

$$W = \int_0^{t_3} M_K \cdot \omega_1 \cdot dt - \int_0^{t_3} \frac{M_K^2 \cdot \omega_1}{M_L} dt + \int_0^{t_3} \frac{M_K \cdot \omega_1}{M_L} \cdot \left(M_K - M_L \cdot \frac{\omega_0}{\omega_1} \right) \cdot e^{\frac{t_3 \cdot M_L}{J \cdot \omega_1}} dt$$

$$W = M_K \cdot \omega_1 \cdot t_3 - \frac{M_K^2 \cdot \omega_1}{M_L} \cdot t_3 - \frac{J \cdot \omega_1^2 \cdot M_K}{M_L^2} \cdot \left(M_K - M_L \cdot \frac{\omega_0}{\omega_1} \right) \cdot e^{\frac{t_3 \cdot M_L}{J \cdot \omega_1}} + C$$

Bestimmen der Integrationskonstante C über die Anfangsbedingung

$$t = 0 \quad \Rightarrow \quad W = 0.$$

$$C = \frac{J \cdot \omega_1^2 \cdot M_K}{M_L^2} \cdot \left(M_K - M_L \cdot \frac{\omega_0}{\omega_1} \right)$$

$$W = M_K \cdot \omega_1 \cdot t_3 - \frac{M_K^2 \cdot \omega_1}{M_L} \cdot t_3 - \frac{J \cdot \omega_1^2 \cdot M_K}{M_L^2} \cdot \left(M_K - M_L \cdot \frac{\omega_0}{\omega_1} \right) \cdot e^{-\frac{t_3 \cdot M_L}{J \cdot \omega_1}} + \frac{J \cdot \omega_1^2 \cdot M_K}{M_L^2} \cdot \left(M_K - M_L \cdot \frac{\omega_0}{\omega_1} \right)$$

$$\boxed{W = J \cdot \omega_1^2 \cdot \left(\frac{M_K^2}{M_L^2} - \frac{M_K}{M_L} \cdot \frac{\omega_0}{\omega_1} \right) \cdot \left(1 - e^{-\frac{t_3 \cdot M_L}{J \cdot \omega_1}} \right) - M_K \cdot \omega_1 \cdot t_3 \cdot \left(\frac{M_K}{M_L} - 1 \right)}$$

4.5.2 mit quadratisch verlaufendem Lastmoment

quadratische Änderung:
$$M_L(\varpi) = \frac{M_L}{\varpi_1^2} \cdot \varpi^2$$

Die Reibarbeit wird über das Integral der Leistung gebildet, dabei wird die zeitabhängige Winkelgeschwindigkeit über die Schaltzeit [5.0] bestimmt.

$$t_3 = \sqrt{\frac{1}{A \cdot B}} \cdot \operatorname{artan} h\left(\varpi \cdot \sqrt{\frac{A}{B}}\right) - \sqrt{\frac{1}{A \cdot B}} \cdot \operatorname{artan} h\left(\varpi_0 \cdot \sqrt{\frac{A}{B}}\right)$$

$$\varpi = \sqrt{\frac{B}{A}} \cdot \tanh\left(t_3 \cdot \sqrt{A \cdot B} + \operatorname{artan} h\left(\varpi_0 \cdot \sqrt{\frac{A}{B}}\right)\right) \quad \text{mit } A = \frac{M_L}{\varpi_1^2 \cdot J} \text{ und } B = \frac{M_K}{J}$$

$$\varpi = \sqrt{\frac{M_K}{M_L}} \cdot \omega_1 \cdot \tanh\left(\frac{t_3 \cdot \sqrt{M_L \cdot M_K}}{\omega_1 \cdot J} + \operatorname{ar} \tanh\left(\frac{\varpi_0}{\omega_1} \cdot \sqrt{\frac{M_L}{M_K}}\right)\right)$$

$$W = \int_0^{t_3} M_K \cdot \omega_1 \cdot dt - \int_0^{t_3} M_K \cdot \sqrt{\frac{M_K}{M_L}} \cdot \omega_1 \cdot \tanh\left(\frac{t \cdot \sqrt{M_L \cdot M_K}}{\omega_1 \cdot J} + \operatorname{ar} \tanh\left(\frac{\varpi_0}{\omega_1} \cdot \sqrt{\frac{M_L}{M_K}}\right)\right) dt$$

Das zweite Integral lässt sich durch Substitution lösen

$$u = \frac{t \cdot \sqrt{M_L \cdot M_K}}{\omega_1 \cdot J} + \operatorname{ar} \tanh\left(\frac{\varpi_0}{\omega_1} \cdot \sqrt{\frac{M_L}{M_K}}\right)$$

$$\frac{du}{dt} = \frac{\sqrt{M_L \cdot M_K}}{\omega_1 \cdot J} \qquad dt = du \cdot \frac{\omega_1 \cdot J}{\sqrt{M_L \cdot M_K}}$$

$$W = \int_0^{t_3} M_K \cdot \omega_1 \cdot dt - \int_0^{u_3} J \cdot \omega_1^2 \cdot \frac{M_K}{M_L} \cdot \tanh(u) \, du$$

Nebenrechnung: $\int \tanh\left(u\right)du = \int \dfrac{\sinh\left(u\right)}{\cosh\left(u\right)}du$ hat die Form $\int \dfrac{\varphi'\left(x\right)}{\varphi\left(x\right)} = \ln\left(\varphi\left(x\right)\right) + C$

$$W = M_K \cdot \omega_1 \cdot t_3 - J \cdot \omega_1^2 \cdot \dfrac{M_K}{M_L} \cdot \ln\cosh\left(u\right) + C$$

Die Integrationskonstante C wird wie bei dem linearem Lastmoment berechnet.

$$C = J \cdot \omega_1^2 \cdot \dfrac{M_K}{M_L} \cdot \ln\cosh\left(\operatorname{artanh} \dfrac{\omega_0}{\omega_1} \cdot \sqrt{\dfrac{M_L}{M_K}} \right)$$

$$\boxed{\,W = M_K \cdot \omega_1 \cdot t_3 - J \cdot \omega_1^2 \cdot \dfrac{M_K}{M_L} \cdot \ln\left(\dfrac{\cosh\left(\operatorname{artanh} \dfrac{\omega_0}{\omega_1} \cdot \sqrt{\dfrac{M_L}{M_K}} \right)}{\dfrac{t_3 \cdot \sqrt{M_L \cdot M_K}}{\omega_1 \cdot J} + \operatorname{ar\,tanh}\left(\dfrac{\omega_0}{\omega_1} \cdot \sqrt{\dfrac{M_L}{M_K}} \right)} \right)\,}$$

Berechnungshilfen:

$$\operatorname{ar\,tanh}\left(x\right) = \dfrac{1}{2} \cdot \ln\left(\dfrac{1+x}{1-x} \right)$$

$$\cosh\left(x\right) = \dfrac{e^x + e^{-x}}{2}$$

4.6 Synchronisierung im Zweimassensystem

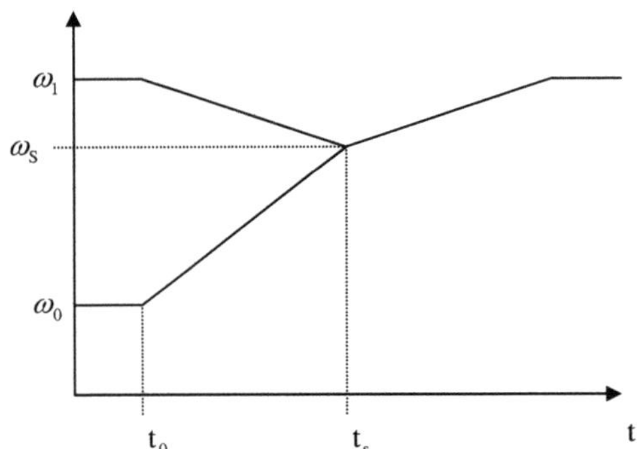

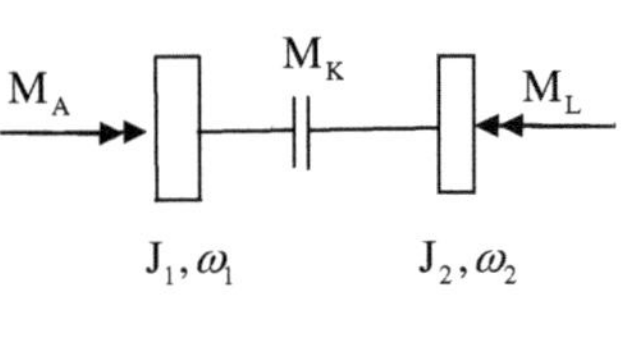

4.6.1 mit konstantem Lastmoment

Für die Verzögerung der Masse 1 steht zur Verfügung $M_B = M_K - M_A$.

Für die Masse 2 steht zur Verfügung $M_B = M_K - M_L$.

Wie schon kennen gelernt, ergibt sich das Beschleunigungsmoment einer Masse aus der Gleichung 2.0

$$M_B = J \cdot \alpha = J \cdot \frac{d\omega}{dt}$$

Angewendet auf Antriebs- und Abtriebsseite der Kupplung folgt:

$$\frac{J_1 \cdot d\omega}{dt} = M_K - M_A \qquad \frac{J_2 \cdot d\omega}{dt} = M_K - M_L$$

$$\text{mit } dt = (t_3 - t_0) \quad \text{mit } t_0 = 0 \quad \Rightarrow \quad dt = t_3$$

$$t_3 = \frac{J_1 \cdot (\omega_1 - \omega_S)}{M_K - M_A} = \frac{J_2 \cdot (\omega_S - \omega_0)}{M_K - M_L}$$

Durch Umstellen dieser Gleichung folgt die Synchrondrehzahl ω_s

$$\omega_S = \frac{J_1 \cdot (M_K - M_L) \cdot \omega_1 + J_2 \cdot (M_K - M_A) \cdot \omega_0}{J_1 \cdot (M_K - M_L) + J_2 \cdot (M_K - M_A)}$$

Die Zeit für den Drehzahlahngleich ist gleich der Schaltzeit t_3 :

$$t_3 = \frac{J_1 \cdot (\omega_1 - \omega_S)}{M_K - M_A} \qquad t_3 = \frac{J_2 \cdot (\omega_S - \omega_0)}{M_K - M_L} \quad \Rightarrow \quad \omega_S = t_3 \cdot \frac{M_K - M_L}{J_2} + \omega_0$$

$$t_3 = \frac{J_1 \cdot \left(\omega_1 - t_3 \cdot \dfrac{M_K - M_L}{J_2} - \omega_0 \right)}{M_K - M_A} = \frac{J_1 \cdot \omega_1 - t_3 \cdot \dfrac{J_1 \cdot (M_K - M_L)}{J_2} - \omega_0 \cdot J_1}{M_K - M_A}$$

$$t_3 = \frac{J_2 \cdot J_1 \cdot \omega_1}{(M_K - M_A) \cdot J_2} - \frac{t_3 \cdot J_1 \cdot (M_K - M_L)}{(M_K - M_A) \cdot J_2} - \frac{\omega_0 \cdot J_2 \cdot J_1}{(M_K - M_A) \cdot J_2}$$

$$t_3 = \frac{J_2 \cdot J_1 \cdot (\omega_1 - \omega_0)}{(M_K - M_A) \cdot J_2 \cdot \left(1 + \dfrac{J_1 \cdot (M_K - M_L)}{J_2 \cdot (M_K - M_A)} \right)}$$

$$t_3 = \frac{J_2 \cdot J_1 \cdot (\omega_1 - \omega_0)}{\left(J_2 \cdot (M_K - M_A) + J_1 \cdot (M_K - M_L) \right)} = t_S - t_0$$

Durch Umstellen dieser Gleichung kann das notwendige Kupplungsmoment für eine einzuhaltende Schaltzeit berechnet werden.

$$M_K = \frac{J_1 \cdot J_2 \cdot (\omega_1 - \omega_0)}{(J_1 + J_2) \cdot t_3} + \frac{J_2 \cdot M_A + J_1 \cdot M_L}{J_1 + J_2}$$

4.6.2 mit linear verlaufendem Lastmoment

für die Antriebsseite gilt
$$t_3 = \frac{J_1 \cdot (\omega_1 - \omega_S)}{M_K - M_A} \quad [2.0]$$

für die Abtriebsseite gilt mit $\omega_0 = 0$:
$$t_3 = \frac{J_2 \cdot \omega_S}{M_L} \cdot \ln \frac{M_K}{M_K - M_L} \quad [4.2]$$

Durch Gleichsetzen dieser beiden Gleichungen erhält man die Synchrondrehzahl ω_s.

$$\omega_S = \frac{\omega_1}{1 + \dfrac{J_1 \cdot (M_K - M_A)}{J_2 \cdot M_A} \cdot \ln\left(\dfrac{M_K}{M_K - M_L}\right)}$$

Durch Umstellen der Gleichung für die Schaltzeit der Abtriebsseite nach ω_S und Einsetzen in die Gleichung für die Antriebsseite erhält man die Synchronzeit bzw. Schaltzeit

$$\omega_S = \frac{M_L \cdot t_3}{J_2 \cdot \ln \dfrac{M_K}{M_K - M_L}}$$

$$\frac{J_1 \cdot (\omega_1 - \omega_S)}{M_K - M_A} = \frac{J_1 \cdot \left(\omega_1 - \dfrac{M_L \cdot t_3}{J_2 \cdot \ln \dfrac{M_K}{M_K - M_L}}\right)}{M_K - M_A} = \frac{J_1 \cdot \omega_1}{M_K - M_A} - \frac{J_1 \cdot M_L \cdot t_3}{(M_K - M_A) \cdot J_2 \cdot \ln \dfrac{M_K}{M_K - M_L}}$$

durch Umstellen nach t_3 ergibt sich schließlich

$$t_3 = \frac{\omega_1}{\dfrac{M_K - M_A}{J_1} + \dfrac{M_L}{J_2 \cdot \ln \dfrac{M_K}{(M_K - M_L)}}} \qquad \text{gilt nur wenn } \omega_0 = 0$$

4.6.3 mit quadratisch verlaufendem Lastmoment

für die Antriebsseite gilt:
$$t_3 = \frac{J_1 \cdot (\omega_1 - \omega_S)}{M_K - M_A} \qquad [2.0]$$

für die Abtriebsseite gilt:
$$t_3 = \frac{J \cdot \omega_S}{\sqrt{M_L \cdot M_K}} \cdot \operatorname{artan} h\left(\sqrt{\frac{M_L}{M_K}}\right) \qquad [5.1]$$

Durch Gleichsetzen beider Gleichungen ergibt sich die Synchrondrehzahl ω_S zu:

$$\omega_S = \frac{\omega_1}{1 + \dfrac{J_2 \cdot (M_K - M_A)}{J_1 \cdot \sqrt{M_K \cdot M_L}} \cdot \operatorname{artanh} \sqrt{\dfrac{M_L}{M_K}}}$$

Weiterhin erhalten wir durch Umstellen der Gleichung für die Abtriebsseite und nachfolgendes Einsetzen in die Gleichung der Antriebsseite, die benötigte Schaltzeit t_3.

$$t_3 = \frac{\omega_1}{\dfrac{M_K - M_A}{J_1} + \dfrac{\sqrt{M_L \cdot M_K}}{J_2 \cdot \operatorname{artanh} \sqrt{\dfrac{M_L}{M_K}}}}$$

Literaturverzeichnis

Dipl.- Ing. J. Dumuny   Beurteilung der Betriebsverhaltens   Dissertation
                         Schaltbarer Reibkupplungen

S. Winkelmann   Schaltbare Reibkupplungen   Springer-Verlag
H. Hartmuth

Dipl.-Ing. C. Shaker   Maschinenelemente II   Shaker Verlag

G. Niemann   Maschinenelemente   Springer-Verlag
H. Winter

Roloff / Matek   Maschinenelemente   Vieweg

                         Schaltbare fremdbetätigte   VDI 2241
                         Reibkupplungen und Bremsen